小女生的战役

"战痘"公主的

HANDOUGONGZHUDEMEILIMOFA

美丽魔法

禾　雨●编著

U0319418

哈尔滨出版社

HARBIN PUBLISHING HOUSE

图书在版编目（CIP）数据

"战痘"公主的美丽魔法/禾雨编著.—哈尔滨:哈尔滨出版社,2012.6
（小女生的战役）
ISBN 978 – 7 – 5484 – 0997 – 7

Ⅰ.①战… Ⅱ.①禾… Ⅲ.①女性 – 皮肤 – 护理
Ⅳ.①TS974.1

中国版本图书馆 CIP 数据核字（2012）第 057671 号

书　　名:"战痘"公主的美丽魔法

- -

作　　者:禾　雨　编著
责任编辑:张凤涛　魏英璐
责任审校:李　战
封面设计:琥珀视觉　解　玲

- -

出版发行:哈尔滨出版社（Harbin Publishing House）
社　　址:哈尔滨市香坊区泰山路 82 – 9 号　　邮编:150090
经　　销:全国新华书店
印　　刷:哈尔滨报达人印务有限公司
网　　址:www.hrbcbs.com　　www.mifengniao.com
E – mail:hrbcbs@yeah.net
编辑版权热线:（0451）87900272　87900273
邮购热线:4006900345　（0451）87900345　87900299　或登录蜜蜂鸟网站购买
销售热线:（0451）87900201　87900202　87900203

- -

开　　本:880mm×1230mm　　1/32　　印张:4.5　　字数:50 千字
版　　次:2012 年 6 月第 1 版
印　　次:2012 年 6 月第 1 次印刷
书　　号:ISBN 978 – 7 – 5484 – 0997 – 7
定　　价:18.00 元

- -

凡购本社图书发现印装错误,请与本社印制部联系调换。
服务热线:（0451）87900278
本社法律顾问:黑龙江佳鹏律师事务所

contents 目录

contents 目录
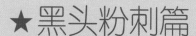

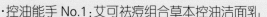

开篇曲

测试你的 肤质类型

 1. 洗完脸后半小时,假如脸上没有涂抹任何产品,你会觉得

   A. 非常粗糙、出现皮屑
   B. 仍有紧绷感
   C. 能够恢复正常的润泽感
   D. 脸像镜面,简直要反光

 2. 中午的时候,你的脸常常会感到

   A. 紧绷,轻度发干或脱皮
   B. 既不干,也不油,没有什么太大感觉
   C. T区有点儿油腻
   D. 不洗脸就活不下去了

3. 上妆后 2~3 小时，你的妆容看起来

A. 出现干纹和皮屑

B. 妆容仍然完好

C. 部分脱妆

D. 需要马上补妆，差不多已经完全脱妆

 4. 站在镜子前，你的毛孔

A. 脸很光滑，根本没有毛孔啊

B. 挺小的，不注意看根本看不见

C. 鼻头上有一些黑点

D. 很明显，照镜子时就想死

5. 青春痘

A. 这是什么？很少生或根本没有生过

B. 只有在生理期或者身体不适的时候才会生这东西

C. 额头上会生，别的地方很少生

D. 满脸都会生啊，还留了很多痘疤呢

10～15分 中性肌肤

恭喜你啊，你属于人人都会羡慕的中性肌肤哦，不油不干，水水润润。不过中性肌肤的美眉可不要仅仅自己天生皮肤好就不注意保养，"胡作非为"哦。这样的话，你天生的"好资本"很快就会被你用完，到时候可是后悔都来不及啊！

* 中性肌肤的护肤产品选择余地比较大，差不多任何质地的都可以试一试，以自己擦上觉得舒服为最好。
* 适度去角质，但也要慎用磨砂类产品，以防肌肤变敏感。
* 不要过度使用保养品，以免堵塞毛孔。

16～20分 油性或偏油性肌肤

很痛苦吧，洁面不到半天，整个脸就又油光锃亮了。擦护肤品怕闷不舒服，擦彩妆品怕脱妆，反而更加尴尬。其实，充足的油脂可以让肌肤不容易老化，这可是油性肌肤天生的优势哦！只要适度地进行控油和补水，油性皮肤也不一定会很难受的。

* 用自己感觉清爽透气的乳液或啫喱状护肤品，但一定不要因为感觉不舒服而不用护肤品。
* 可适度使用带有酒精的化妆水，尤其是在闷热的夏天。
* 脸部多油有可能正是肌肤缺水的表现哦，所以油性肌肤也要多多注意保湿。
* 不要过度控油并依赖吸油面纸，这样反而会刺激你的皮脂腺更快分泌油脂。
* 每周要进行一次毛孔大扫除，千万不能偷懒哦！

痘妹的"战痘"历程一

★ **资料提供**:个性高雅

★ **个人博客**:瞬间扮靓你 http://blog.163.com/
home.do?host=dycg168

★ **关键词**:美肌小巫

1 最近久坐电脑前,辐射增多了,痘痘也多了好多,怎么办呢?

2 用小巫家纯天然紫草茶树精油手工皂哦!

3 它可以除痘去黑头,另外还有控油的效果呢!

4 仔细看看它,很天然吧!

5 紫色的是不是很漂亮啊?

6 事先用起泡网在手工皂上擦出泡泡哦！要多放点儿水，这样泡泡会更多的！

8 然后就把泡泡涂抹到脸上吧！

6

7 看,好多泡泡出现了！把泡泡都集中到手上。

9 先涂抹到两边脸颊。

10 下巴也要抹哦！

11 然后整张脸都均匀涂抹开来，停两分钟就可以洗掉了。

13 它含有天然的紫草精华。

12 然后开始使用紫草祛痘粉了哦！

15 然后加入适量的水搅拌。

14 倒入一些到碗里。

16 注意要搅拌均匀哦！
17 然后将面膜涂抹到脸上。

18 先从右脸颊上开始涂抹。
19 再涂抹左脸颊。

 20 有痘痘的地方要
多涂抹一些啦!

22 清洗干净之后,
开始最后一步了。

21 涂好之后让它在脸上
多敷一会儿,15~20 分
钟之后就可以洗掉了。

24 它具有天然的
矿物元素,对
祛痘很有效的!

23 最后一步是要使用小巫家
深层精华绿泥矿泥面膜。

9

25 那还是快快涂抹到脸上吧！

26 先从右侧脸开始涂抹。

27 然后左侧脸颊。

28 绿色的哦！

29 然后全部涂抹开吧，痘痘多的地方可以多涂抹一点儿哦！

30 终于完成了！
哇，面部清爽了很多哦！最后清洗干净，哈哈，痘痘不见了！

认识肤质的种类

保养肌肤之前，一定要先了解自己的皮肤类型，才能对症下药。因为不同肤质有不同的保养方式，这是需要多认识了解的，这样才可以达到真正的保养效果，使你的肌肤永葆美丽！

皮肤类型及状况：

1 中性皮肤：中性肌肤是理想的皮肤状态。不油，不干，油脂与汗水分泌正常，肌肤娇嫩、细腻、有弹性。拥有自然的光泽及红润感，属于健康肌肤。其抵抗力强，不易产生皮肤变化。

2 油性皮肤：油性肌肤的特征就是脸上总是油油的、亮亮的，有着顽固的粉刺、粗大的毛孔、油腻的 T 字部位，容易脱妆。

3 干性皮肤：当皮肤表面的脂肪和水分降到比一般还低时，就属于干性皮肤。因为油脂量少，皮肤会失去光泽，也因为水分的减少，皮肤表层会显得粗糙。所以，干性肤质的脸上看起来总是紧绷、干涩、脱皮、粗糙，易生讨厌的小细纹及斑点。

4 混合性皮肤：就是融合了油性与干性皮肤的特征，在皮肤上的某些部位是油性的，某些部位是干性的。混合性肌肤的特征是，T字部位总是泛着油光，两颊却因为缺水而显得干涩、紧绷。

5 敏感性皮肤：敏感性皮肤并不能视为一种皮肤类型，顶多只能将它视为皮肤状态中较易产生敏感反应的皮肤，不限于干性或油性肤质。依据不同的反应，敏感性皮肤在不同的皮肤状态下，会有特定的反应及发生原因。

不过，肌肤类型并非一成不变，每个人都受到先天遗传的体质影响而有不同的肤质属性，但后天因素（包括环境、气候、年龄、饮食、药物等）也都会对肤质有一定程度的影响。因此，皮肤的状况是在不断变化的，在不同时候可以呈现不同肤质。所以，必须按照内外环境的变化正确地保养，让皮肤维持在最佳状态。

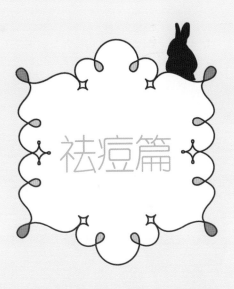

祛痘篇

青春痘介绍

青春痘，医学上叫"痤疮"，是青春期常见的一种慢性毛囊皮脂腺炎症，但对于这种常见的皮肤病却不是人人都有正确的认识。

很多人认为过了青春期自然会好，不用管它。这是非常错误的观点。统计资料表明，只有12%的青春痘患者可以自愈，延误治疗会使病情恶化，为以后的治疗带来困难，甚至会给皮肤留下难看的疤痕。

治疗青春痘误区一

治疗青春痘误区二

用手不停地挤痘，以为挤完就好了。手上的细菌很容易使炎症加重，使痘成为大包，对皮肤破坏程度加剧，留下难看的色素沉淀和疤痕。

每天多洗脸就可以除油污。洗脸次数过多会使皮肤更油、毛孔更粗。每天用温水洗两次脸,可帮助把皮脂分泌出体外。

饮食不节,喜食辛辣、刺激性食物,喝酒抽烟,吃高糖高脂肪食物,如食鸡、鸭、鱼肉;不喜欢吃蔬菜和水果,喝水少,排泄不畅。调整生活习惯和饮食习惯,可有效控制青春痘,有利于青春痘的治疗。

长青春痘是皮肤表面的问题,只需从表面解决。那样只能是治标不治本,导致青春痘反复发作。要彻底治愈青春痘,就必须在外涂霜药的同时,内服药物,调节人体内分泌,才能达到釜底抽薪,标本兼治的目的。

痘妹的"战痘"历程二

★**资料提供**:个性高雅
★**个人博客**:瞬间扮靓你 http://blog.163.com/
home.do?host=dycg168
★**关键词**:美肌小巫

1 痘痘这个东西总是来了又走,走了又来,我一直在找一款可以根除的宝贝。
都说西药治标,中药治本,然后我就找到了这套中西结合的祛痘宝贝。

2 看看哦,这是第一款啦!

3 打开来看看呢,据说有天然的紫草成分哦!

4 不光可以祛痘还可以消痘疤哦！

5 准备好起泡网。

6 然后准备好手工皂和起泡网，加一点点水。

7 把手工皂放入网中。

8 看，可以拉出丝呢！

9 抹在脸上哦！

10 下巴部分也要抹哦！

11 还有鼻子呢！

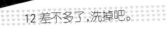

12 差不多了，洗掉吧。

13 下一款就是
紫草祛痘粉哦！

紫草祛痘粉

18

14 准备好小碗。

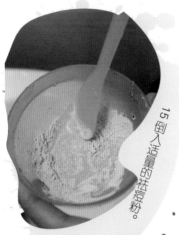

15 倒入适量的祛痘粉。

16 搅拌一下,据说配合手工皂效果很好哦!

17 抹在脸上。
18 还有另一边脸哦!

19 大家看好,记得要抹这么厚啦!
20 大概 10 分钟就 ok 了。

21 好啦,洗掉吧!

22 第三款,绿泥矿泥面膜。 23 拿近一下看。 24 绿色的哦,看起来很营养。 25 开始抹啦!

26 先是这一边脸。

27 然后是另一边。

28 别忘了下巴,好绿啊!

29 敷好 8 分钟了哦!

30 好啦,洗掉吧!

31 对比展示一下!

痘
痘
产
生
的
原
因

▲紧张压力:长期处于压力之下,容易冒出痘痘。
▲水土不服:环境的变迁会使皮肤不适应或者肤质改变,
特别是到温度湿度高的地方,皮肤油脂分泌会增多,容易产生痘痘。
▲换季:很多人经历春夏换季的时候都会产生发痘痘的情况,
这样的痘通常只是一两颗,这是由于天气一热,皮肤油脂分泌就会增加。

▲残妆:有些痘是因为卸妆不净而造成毛孔堵塞所引起的。

▲便秘: 便秘问题通常会导致唇部四周出现痘痘。

▲饮食刺激:多吃过油、过辣的食物,比如麻辣火锅、串烧、瓜子、核桃、巧克力、咖啡等。

▲睡眠不足：连续熬夜导致肌肤的新陈代谢紊乱，痘在这个时候很容易出来。

▲天生的油性肤质：油性皮肤的人出油量本来就多，毛孔也比别人粗大，角质也更厚重。在冬天，油性皮肤能保持良好的状态，但只要一到夏天，脸上就会不停地泛油光。

▲内分泌：有人虽然脸上出油不多，可总会发一些成片的细小痘痘，那就需要看看自己的内分泌是否正常。

▲药物：有些药物本身含有刺激性的毒素，如果长期使用会使毒素积聚在皮肤组织内，促使痘的情况恶化，如含溴化物、碘化物的药品，还有些避孕药内含的性激素也对痘的发生起到了催化作用，使痘痘症状更严重。

▲角质厚重：有时候，干性皮肤也会长痘痘，倒不是油脂分泌过多，而是角质积累堵塞了毛孔，进而"闷"出痘痘。夏季日晒量过大也会造成角质增厚而毛孔堵塞。

▲生理期：在生理期前一周，有些人的下巴部位特别容易长痘痘，这是因为内分泌的改变引起的。

让青春不再「痘」留
雪夙痘勿忧静肤冰晶

治痘法宝 No.1：
雪夙痘勿忧静肤冰晶

生物祛痘　安全高效　净化肌肤　无痘　无痕

痘勿忧静肤冰晶
产品规格：20g

主要成分：去离子水、雪夙静肤因子、维生素B群、植物控油提取液。

适合肤质：敏感性肌肤、痘疮型问题肌肤及其他混合、油性肌肤。

适用范围：各类面部、胸、背部痤疮（青春痘 粉刺 丘疹 脓疱 囊疱）等。

使用方法：清水洁肤后，取适量本品抹于患处，早晚各一次，
严重者每天涂3～5次。
建议连续使用5～7天，效果更佳。

主要成分：去离子水、雪夙静
肤因子、维生素B群、植物控油提
取液。

主要功效：净化肌肤、平衡肌肤油
脂分泌；定向作用于青春痘病灶部位，
迅速清除病原体，有效溶解老皮、死
皮，增强皮肤腺体排泄功能，使皮肤的
新陈代谢功能完全处于正常状态，从
而让皮肤光滑、无痘、无痕、干净、健康
而充满活力！

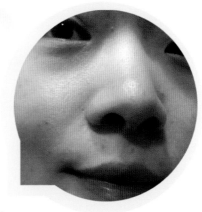

适用于：各类面部、胸、背部痤疮
（青春痘、粉刺、丘疹、脓疮、脓疱）等。

适合肤质：敏感性肌肤、痘痘型问题肌肤
及其他混合、油性肌肤。

使用方法：清水洁肤后，取适量本品涂抹于患处，早晚各一次，严重者每天涂
3～5次，建议连续用5～7天，效果更佳。

（资料提供：雪夙华美专卖店）

长痘位置

1.额头长痘
原因：压力大，脾气差，
造成心火和血液循环出现问题。
改善：早睡早起，多喝水。

2.双眉间长痘
原因：胸闷，心律不齐，心悸。
改善：不要做太过激烈的运动，
避免烟、酒、辛辣食品。

3.鼻头长痘
原因：胃火过剩，消化系统异常。
改善：少吃冰冷食物。

4.鼻翼长痘

原因:与卵巢机能或生殖系统有关。

改善:不要过度纵欲或禁欲,多到户外呼吸新鲜空气。

5.右边脸颊长痘

原因:肺功能失常。

改善:注意保养呼吸道,尽量少吃芒果、芋头、海鲜等易过敏的食物。

6. 左边脸颊长痘

原因:肝功能不顺畅,有热毒。

改善:作息正常,保持心情愉快,该吹冷空气就吹,不要让身体处在闷热的环境中。

7.唇周边长痘
原因:便秘导致体内毒素堆积,
或是使用含氟过量的牙膏。
改善:多吃高纤维的蔬菜水果,调整饮食习惯。

8.下巴长痘
原因:内分泌失调。
改善:少吃冰冷的食物。

9.太阳穴

  太阳穴附近出现小粉刺,证明你的饮食中包含了过多的加工食品,造成胆囊阻塞,需要赶紧进行体内大扫除。

10.从位置看原因:

  前额——多半因睡眠不足,心火过剩引起,所以要多补充水分,加速新陈代谢,让毛孔可排除油脂,并要避免熬夜与睡眠不足。

面颊——青春期的痘痘多半长在面颊，因肠胃不佳引起，容易有便秘或大便湿黏、解不干净的感觉，除要少吃油炸食品，以减少油脂的吸收外，也要多吃蔬果，增加排便功能。

口颈部——若青春痘长在下巴周围，像落腮胡，甚至长到颈部，则与阳明胃经有关，多半是胃部湿热，要少吃辣；若长在人中部位，则可能是泌尿与生殖系统问题，女性可能会有白带问题，男性则常出现频尿，一定要就医治疗。

胸部——多与任脉有关，与长在人中位置的青春痘一样，要注意泌尿与生殖系统问题，建议就医治疗，注意生活保健，每天洗脸两次，晚上加强清洁，不要挤压痘痘。

治痘法宝 No.2:积雪草原液

产品介绍:针对痘痘留下的痘印、痘疤,加速血液循环,促进皮肤新陈代谢,淡化消除痘印、痘疤。

产品成分:亚麻仁油、维生素 C、芦荟等。

使用步骤:洁面爽肤后,取适量均匀涂抹于痘印、痘疤的部分,稍稍按摩数分钟。待吸收后,继续后面的护肤工作。

★**资料提供**:舒友阁官方旗舰店

30

关于痤疮
的几大误区

1

　　痤疮是由皮肤不洁引起，这种误识导致人们过分用肥皂或者洗面奶清洁皮肤。

　　过度清洁会导致皮肤过敏或者水分流失，这都不能起到预防痤疮的作用。另外，使肥皂保持固体形状的化学物质会造成毛孔堵塞，从而导致痤疮的爆发。事实上，使用成分温和的洗面奶并温柔地呵护肌肤，才是防止痤疮的方法。

2

　　轻视痤疮，误认为只是小病

　　痤疮的出现原因非常复杂。除内分泌失调等因素外，其他如免疫、遗传等也被认为是与痤疮有关。与此同时，它与社会心理、生活习惯、生存环境也有很大关系；再者，精神刺激如自卑、不满等情绪，也会加重病情，形成恶性循环。痤疮应当有长期治疗的准备，要分析病因，综合治疗。

3 面部痤疮滥用药物或激素

由于诊断不明、治病心切、自行用药、不遵医嘱、用药不当等,使痤疮得不到很好的治疗,产生副作用,或造成严重后果。

激素可以刺激皮脂腺增生,使皮脂腺分泌更加旺盛,皮肤发生继发性损害表现为多毛、易感染、皮肤变薄,刺激色素细胞增生,引起毛细血管扩张等,留下难以清除的色素沉着斑,并形成激素依赖型皮炎。

4 误认为化妆可以遮盖痤疮,保护皮肤

化妆之后,毛孔堆积了许多粉底,并与汗水以及空气中的灰尘混合在一起,形成污垢,阻塞毛孔,反使痤疮恶化。

5 误认为勤洗脸、挤压可以治疗痤疮

痤疮患者保持皮肤清洁很重要,但不应拼命洗脸。勤洗脸可刺激皮脂腺分泌增多,油腻增加,使得痤疮加重。有人认为把痤疮挤压出来就好了,但是痤疮挤压后会遗留深深的痘痕。另外,挤压会扩大和加深感染,加重病情。

6 误认为日晒可以治疗痤疮

有人认为日晒可以治疗痤疮，其实目前为止还没有资料证实紫外线能改善痤疮。实际上这样做只是使皮肤晒黑，痤疮看起来不明显而已。

治痘法宝 No.3：艾可祛痘组合暗疮丸

使用：口服，一次 2～4 丸，一日 3 次，14 天为一疗程（30 粒 / 板，2 板 / 盒）。

成分：金银花、大黄浸膏、穿心莲浸膏、珍珠层粉、山豆根浸膏、甘草、栀子浸膏。辅料为食用色素、滑石粉。

性状：深棕色的圆形浓缩丸，除去外衣显棕褐色。气微，味苦。

功效：清热解毒，凉血散淤，用于痤疮、粉刺。

★**资料提供**：长春艾可经贸有限公司

1.每晚在清洁皮肤以后用白糖水蘸上棉签轻轻地擦拭痘印,一个星期左右就消失了!

2.最好用中药的洗面奶,不仅能够祛痘而且可以祛痘印,同时还能软化角质,甚至清除。

3.皮肤发黄是因为皮肤毛细血管的血液供给及携氧能力不足,而小色斑是由于体内黑色素沉积于皮肤内而形成,痘印是因为毛囊堵塞,导致长痘时留下的局部淤血没有完全排出,继续淤积所致。解决您面临的皮肤综合状况,必须使用有活血祛淤、清热凉血、祛黄养颜功效的纯天然产品,皮肤才能获得有效地改善。

4.看痘是否成熟,如果成熟的话,先除掉痘内容物,用消炎膏涂抹,再用控油洗面奶清洗,外用维生素 E 涂抹即可!

去痘痘小秘方

5.用珍珠粉加蛋清做面膜，可以美白、收缩毛孔、祛痘印，要是觉得干就加点儿蜂蜜。

6.用淘米水，这是民间土方，不但能消除痘印，还有美白的效果，外加内服维生素 E，一个月内效果明显。

7.最好不要挤，如果挤后变红是因为发炎了，也就是体液充满了那个部位，这时候最好用盐水消炎。最后涂点儿牙膏，不要太多，以防过敏。

8.用白醋，早晚清洗脸部的时候往温水里加一点儿白醋，可以淡化斑点，但要长期使用。

9.一个蛋清 +50 克蜂蜜，拌匀，像敷面膜一样敷在脸上。一周两次，每次 30 分钟。睡前做最佳。

10.先准备半茶匙天然盐，一个鸡蛋的蛋清及一勺蜜糖。

做法：把蛋清和盐搅拌至起泡，再倒入蜜糖搅拌。

敷面法：清洁面部后再敷上，但要避免触及眼和唇部四周。敷一至两分钟，待蛋清干后用温水洁面，再用凉水洗一次，最后擦干即可。

11. 将天然芦荟捣碎或榨汁，洁面后敷在脸上，20分钟后洗掉，红痘痘就会变暗，消炎效果好。

12.将新鲜土豆去皮、切薄片，洁面后敷在长痘处，10～15分钟后取下。坚持敷，痘印会变淡。

13.青春痘初期颜面皮肤潮红者，以草莓1碗，洗净后食用，每日1碗，连食7天，具有疏风、清热、健脾之功效。

15. 青春痘初期皮肤油腻、大便秘结者，用山楂、桃仁各 9 克（捣泥），水煎取汁，频频饮服，具有消食、化滞、通便之功效。

16. 青春痘皮损周围发红伴疼痛者，以绿茶、金银花各 5 克用沸水冲泡当茶饮，具有清热消炎之功效。

17.青春痘药茶:金银花 30 克、甘草 5 克,加适量水熬制后,去渣,当茶饮。

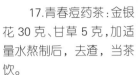

18.青春痘食疗:绿豆 1 两,百合 1 两,同煮后食用,有一定的防治效果。

19. 千万不能吃夜宵,晚上最多喝一点儿牛奶,这也是减肥的方法哦!

20. 勤洗头和枕巾,可以让你变得勤劳,不用啫喱水之类的东西,这些很伤皮肤的。

21. 不能吃甜腻的食物,如糖果、巧克力、木瓜等,还有油炸食品,最好也不要吃。

22.每天早晚都要用热水洗脸,用热毛巾敷脸,这个很重要的。

23.养成每天早晨排便的规律,缩短毒素在人体的时间,要是排不出,建议多喝花茶。

24.清晨喝一杯蜂蜜水,养胃。长痘的人多是肠道不好,所以胃很重要。

治痘法宝 No.4:本草净颜祛痘水

产品介绍:各种类型的痘痘、粉刺都可以使用,有很好的消炎、抑菌以及消除痘痘、粉刺的效果。

产品成分:水、乙醇、苦参根提取物、甘草根提取物、黄芩根提取物、丙二醇、茶树油、本氯乙醇、三乙醇胺。

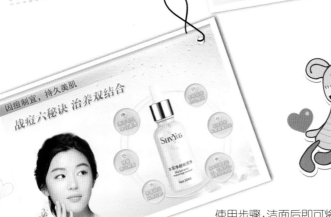

使用步骤:洁面后即可将本品均匀涂抹于痘痘部位,遇到"囊肿型痘痘"可增加用量。本品渗透快、吸收好,与舒友阁其他祛痘产品配合使用,效果更佳。

注意事项:本品略含酒精,患处产生轻微刺痛属正常现象,可放心使用。

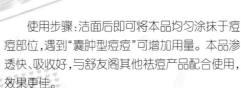

★资料提供:舒友阁官方旗舰店

治痘法宝 No.5：
迪豆痘速消精华液

产品成分：从上等
人参、丁香、薄荷、茶树、
金银花、月见草等新鲜
草药中提萃活性祛痘原
液。

产品功效：快速止痘、消肿，消炎杀菌，强效消除外
发炎症痘痘。快速渗透入毛囊，溶解淤积于毛囊内的油
脂、角质栓，消除内痘。全面修复痘痘部位的毛孔内环
境，使之健康畅通，有效防止复发。

使用方法：洁面后待脸部自然晾干，然后将"迪豆精华液"均匀涂抹于痘痘部位。

具体方法如下——

1. 临睡前，洗净双手取干净化妆棉，依照痘痘大小剪切成小片。

2. 将迪豆精华液倒入化妆棉。

3. 将化妆棉直接敷在痘痘部位，5～10分钟待吸干后取下即可。

★ **资料提供**：熠泽化妆品专营店

哪些坏习惯会导致
痘痘的出现？

1. 人们平时会有一些小动作，例如摸摸小脸，喜欢托腮等。但是这样很容易把手上的细菌带到脸上，痘痘就长出来了。所以，千万不要随便用双手去摸脸，如果要摸脸，也一定要将双手清洗干净。

2. 很多人觉得只要保持脸部干爽就不会长痘，所以脸部一油，就马上洗脸。但是过度洗脸会刺激皮肤分泌油脂，更容易滋生细菌，让痘痘狂长。其实，不管什么季节，洗脸只要早晚各一次就可以了，如果在冬季，皮肤比较干燥的话，一天一次就够了。

3. 汗水是弱碱性，很容易滋生细菌，所以汗水要及时擦掉。不要因为是一点点汗就不管。但是，用纸巾擦干就可以，千万不要洗脸。

4. 要及时补水，这样才能达到水油平衡。内外都要及时补水，不要等到渴了才喝，每天至少要喝 8 杯水。

5. 熬夜会影响皮肤新陈代谢,皮肤得不到自我修复跟养护,所以千万不要熬夜。

6. 饮食不均衡,也会导致长痘,辛辣、油炸食品及烧烤等,都应该尽量少吃或者不吃。如果是在长痘期间,一定不能吃,这样会加重肌肤的负担。

7. 多吃蔬菜水果，因为里面富含的维生素能促进代谢，还可以适当补充一些微量元素，这样痘痘就不容易爆发。

治痘法宝 No.6：
可拉拉茶树精油

美容界"战痘之王"
茶树精油
收敛毛孔/平衡油脂分泌/控油祛痘
提神醒脑/振奋精神/净化空气

产品功效：原产于澳洲，为茶树的提取物。具有杀菌消炎、收敛毛孔，治疗伤风感冒、咳嗽、鼻炎、哮喘，改善痛经、月经不调及生殖器感染等作用。适用于油性及粉刺皮肤，治疗化脓伤口及灼伤、晒伤、香港脚、头屑等。

产品成分:甜扁桃油、茶叶油、维生素 E 等。

茶树精油　　　　净含量:10ml

源自澳洲精纯萃取茶树的天然呵护,平衡肌肤油脂,改善痘痕;提神醒脑,振奋精神,让身心一并享受由内而外的完美净化。

产品成分:

甜扁桃(PRUNUS AMYGDALUSDULCIS)油、茶(CAMELLIA SINENSIS)叶油、维生素E等。

使用方法:

1、睡前洁肤后,取2~3滴轻拍于面部,可改善痘痕、粉刺、青春痘等问题肌肤。
2、在乳霜中加入3滴茶树精油按摩肌肤、可迅速赋予肌肤活力。
3、泡澡时加入5~8滴茶树精油可以帮助缓解肌肉酸痛,同时令肌肤更加细腻光滑。
4、香薰:用将3~4滴茶树精油滴于熏香灯/炉内,帮助预防感冒和净化空气。

　　使用方法:洁肤后,取适量点涂于患处,可改善青春痘、痘痕等问题肌肤;在爽肤水、乳霜中加入适量的茶树精油,可调整肌肤油脂分泌,消炎杀菌,促进新陈代谢;泡澡时加入 5~10 滴茶树精油,可以缓解肌肉酸痛。

　　香薰:将 3~4 滴茶树精油滴入香薰灯 / 炉中,可以预防感冒和净化空气。

　　护发:洗发时滴入 3~5 滴茶树精油,可以去屑止痒。

★**资料提供:**可拉拉中世专卖店

1.红酒蜂蜜面膜

　　红酒中的葡萄酒酸就是果酸，能够促进角质新陈代谢，淡化色素，让皮肤更白皙、光滑。蜂蜜具有保湿和滋养的功能。但对酒精过敏的人，要注意使用。

　　做法：将 1 小杯红酒加 2~3 匙蜂蜜调至浓稠状态后，均匀地敷在脸上，八分干之后，用温水冲洗干净。

2.生姜除痘印法

　　材料就是生姜,这个普通市场就有,一定要够新鲜,它的汁才多。生姜洗干净后切成片贴在有痘印的地方,大概贴 15～20 分钟,差不多感觉到姜片有些干了,取下姜片用清水洗脸或用棉片把贴过的地方擦干净就可以了。连续使用一个星期,你就会感觉到痘印基本不见了。

　　第一次使用时,会感觉贴姜片的地方有一点儿辣痛、微热。别担心,使用几次后就不会有这种现象了。刚取下姜片的时候,有些贴过的地方会有一些红红的痕迹,清洗过后可以涂一点儿美白或除痘印的精华素辅助一下,或者不涂也没关系。第二天起床之后照照镜子,你会发现原来有痘印的地方真的会比之前颜色浅了很多哦!

　　但是,在有痘痘的地方就不要用啦,一定要等痘痘完全消下去再用这个办法。

3.酸奶除痘印法

这是个十分简单的方法,但需要长期坚持。酸奶尽量选择低脂或脱脂,避免养分过多产生脂肪粒。

使用方法:

(1)不需要特意准备酸奶,就用每次喝剩的即可。

(2)涂在有痘痘的地方,可以直接过夜,第二天洗掉。

试用感受:坚持用了一个月后,觉得痘印真的有些好转,至少不是那么红了,长期坚持应该效果更佳。

4.苹果除痘印法

如果你的肌肤上有痘痘或是痘印,那么这种处理方法再简单不过了。一周使用两次就好,选新鲜的苹果为佳。

使用方法:

(1)先将沸水倒在一片苹果上,等几分钟直至苹果片变软。

(2)再将之从水中取出,待其冷却至温热时贴于痘印上,保持20分钟。

(3)取下苹果片,用清水将脸洗净。

试用感受:简单易行,效果也不错,特别是预防痘印的效果最好。当脸上痘痘刚出现的时候,用此种方法祛痘能使痘痘迅速成熟不留痘印。

鲜活草药100%原汁精华
快速除痘印、痘疤、平复痘坑

精选特级灵芝与紫苏、积雪草、当归、清
多种新鲜青草药鲜活原汁配制而成。清
润配方，天然易吸收。迅速淡化痘印、
痘坑、痘痕，改善长痘肌肤偏黑、偏
黄、粗糙、肤色不均等问题，令肌肤重现
无痘无痕、亮白水润的健康风采。

全新上市！

产品特点：鲜活草药 100% 原汁精华。快速除痘印、痘疤、平复痘坑。

治痘法宝 No.7：
迪豆消印平复净白乳

　　产品成分：富含灵芝、紫苏、积雪草、当归等多味天然草药提取物（萃取鲜活原汁），促进循环，去印净白。

　　产品功效：精选特级灵芝与紫苏、积雪草、当归等多种新鲜草药鲜活原汁配制而成。清润配方，天然易吸收。可快速淡化痘痘愈合后留下的新旧痘印、痘痕和痘坑。由内而外逐步培育新生肌肤，改善长痘肌肤偏黑、偏黄、粗糙、肤色不均等问题，令肌肤重现无印痕、无痘、亮白的健康风采。

　　使用方法：早晚洁面后，取适量点涂于痘印、痘痕、痘坑部位。严重部位可适量增加使用次数。

★**资料提供**：熠泽化妆品专营店

治痘法宝 No.8:
清颜祛痘重度
（女士专用）

核心功效：

1. 专门针对女性肤质的重度痘痘研制开发，多种天然植物祛痘精华直接作用于痘痘，中药护理排毒配方迅速渗入毛囊深处，分解并排出毛囊管内的油脂和酸毒，有效抑制痘痘生长；

2.快速渗入肌肤排出黑头和污垢，清除坏死角质，补充肌肤所需水分，呵护女性薄而脆弱的肌肤，祛痘溶脂，收敛毛孔，使肌肤光滑亮丽；

3. 深入肌肤细菌源头，根除痘痘生长条件，破坏细菌生长环境，促进肌肤表皮细胞重建，抗菌消炎，消退红肿，让痘痘加速痊愈；

4.持续释放药效，补充肌肤所需养分，增强细胞活力，形成排酸保护层，预防痘痘复发，保护女性肌肤，彻底改善肤质。

产品成分
1.清颜祛痘洁面乳:钾盐、蜂王浆、芦荟萃取精华
2.清颜祛痘调理水:去离子水、甘油、燕麦、藻酸钠、阿拉伯树胶、透明质酸钠
3.清颜祛痘精华液重度(女士专用):蜂王浆、茉莉、芦荟萃取精华
4.祛痘膏:去离子水、香叶醇、透明质酸钠

使用方法:
　　1.首先使用清颜祛痘洁面乳进行面部清洁,能深层清洁毛孔，软化角质，使面部水油平衡,预防痘痘再生;

2. 然后使用清颜祛痘调理水轻轻拍于脸部,轻柔按摩至吸收,能有效细致毛孔,平衡水油,使肌肤增加排酸动力,长时间保持肌肤清爽通透;

3.接着使用清颜祛痘精华液（重度）点涂于痘痘上，能溶解毛孔深处多余油脂，预防和控制表皮下未发的痘痘顺利排酸，精准祛痘，彻底改善肤质；

4.最后使用祛痘膏涂抹于脸上,能迅速舒缓肌肤发红状况,加速痘痘的收敛和平复,为问题肌肤提供良好的复原环境。

★**资料提供**:广州瓷肌化妆品有限公司

电脑工作者长期用眼，需要补充维生素 A，建议吃些富含维生素 A 的鱼肝油、动物肝脏等，或者富含维生素 A 的橙红色蔬菜水果，例如西红柿及红萝卜（需热炒），该类营养物质属脂溶性和油类，要一起吃才能较好吸收。如果眼睛不适，可适量补充药物型维生素 A 丸，但不可长期服用，脂溶性物质随脂类存储，体内储存过多会中毒。但一般食补不会出现中毒症状。

电脑辐射长痘痘该咋办

经常吃些抗辐射的食物可减少电脑辐射对身体的损害。例如常喝绿茶,吃海带、香菇、蜂蜜、木耳、螺旋藻等。

吃一些对眼睛有益的食品,如鸡蛋、鱼类、鱼肝油、菠菜、地瓜、南瓜、枸杞子、菊花、芝麻、萝卜、动物肝脏等。

多吃含钙质高的食品,如豆制品、骨头汤、鸡蛋、牛奶、瘦肉、虾等。

注意维生素的补充:多吃含有维生素的新鲜水果、蔬菜等。

注意增强抵抗力：多吃一些增强机体抗病能力的食物，如香菇、蜂蜜、木耳、海带、柑橘、大枣等。

电脑摆放位置很重要。尽量别让屏幕的背面朝着有人的地方，因为电脑辐射最强的是背面，其次为左右两侧，屏幕的正面反而辐射最弱。以能看清楚字为准，至少也要 50 厘米 ~75 厘米的距离，这样可以减少电磁辐射的伤害。

注意室内通风:科学研究证实,电脑屏幕能产生一种叫溴化二苯并呋喃的致癌物质。所以,放置电脑的房间最好能安装换气扇,倘若没有,上网时尤其要注意通风。

对付电脑辐射的小常识:可以在电脑前摆盆小仙人球,对吸收辐射很有帮助!

治痘法宝 No.9:
茶树海藻糖祛痘精华

【产品成分】去离子水、洋甘菊提取液、海藻糖、甘氨酸、苹果酸、乳酸、茶树精油、薄荷叶萃取液、柠檬酸钠等。

【产品说明】蕴含茶树萃取精华,自然界的战"痘"卫士,帮助净化及消除已形成的痘痘,改善红肿。同时富含多种天然元素,有助加强皮肤的防御能力,净化肌肤,降低痘痘复发的概率,还原肌肤天然水油平衡。

茶树萃取：茶树是澳洲原住民用来代替药物的药材，被称为"自然界的急救箱"。传统澳洲的土著人会使用茶树树叶煎煮的汁液来改善各种肌肤问题。

薄荷叶萃取：净化肌肤，让肌肤全天清爽。

海藻糖：新一代的突破性保湿因子，有效地在细胞表层形成一层特殊的保护膜，持续滋养肌肤。

【使用说明】洁肤调理后，取适量涂于红肿、痘印、痘疤处，稍加按摩直至完全吸收。

★**资料提供**：美丽加芬

黑头
粉刺篇

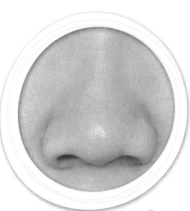

[黑头又称黑头粉刺,为开放性粉刺]

黑头主要是由皮脂、细胞屑和细菌组成的一种"栓"样物,阻塞在毛囊开口处而形成的。加上空气中的尘埃、污垢和氧化作用,使其接触空气的一头逐渐变黑,所以得了这么一个不太雅致的称号——黑头。

黑头是硬化油脂阻塞物,通常出现在颜面的额头、鼻子等部位,当油脂腺受到过分刺激,毛孔充满多余的油脂而造成阻塞时,在鼻头及其周围部分,经常会有油腻的感觉。这些油脂最终会硬化,经氧化后成为黑色的小点,这些小点就是被称为"黑头"的油脂阻塞物。

大家有没有发现,通常长痘痘和黑头的人皮肤都比较粗糙,毛孔也很大,有很多的油脂粒堵住张开的毛孔,皮肤里面还有一个个硬硬的疙瘩,总是被反复诱发成痘痘,严重的更会有凹凸不平的状况。

　　这种人的皮肤通常耐酸性都比较强，比正常皮肤的 pH 值高出很多，有些竟达到 pH4 以上，这就是皮肤会出现以上问题的关键所在，把 pH 值高于 4 的皮肤调理至正常皮肤，以上所说的皮肤问题就会迎刃而解了。中浓度果酸（10%～20%）就是唯一能快而准地解决这一难题的最佳利器。果酸是从甘蔗中萃取的，不同的浓度、不同的 pH 值有着不同的作用和效果。现在市场上售卖的果酸浓度都比较低，pH 值又相对比较高，只有单纯去角质和保湿作用，要把皮肤调理到正常的 pH 值是不可能的，这就需要中浓度的、pH 值低的果酸来调理及治疗。如果将痘痘比喻为活火山，那么黑头就好比是死火山，虽然危险性不足以引起特别关注，但它的确是拥有凝脂肌肤的女性之大敌。不要怕，和黑头来一场战斗，将这些难缠的东西通通清除吧！

10分钟
黑头全部出来了!

5分钱+15分钟=黑头清干净

不破坏真皮层,不伤毛孔,不扩张毛孔。

棉片在药店买,苏打粉在超市的调料区域买。

首先,在超市就可以买到小苏打粉,很便宜的。一袋可以用上百次,每次也就几分钱!

在干净的容器内倒入少量清水,放入少量小苏打粉搅拌均匀。

然后,把棉片(鼻头大小)浸泡在小苏打水里,使棉片被苏打水充分浸透,然后敷在鼻头或任何有黑头的地方,静待10分钟。

最后，用干净的纸巾轻轻揉鼻头，你会发现，黑头几乎都出来了。

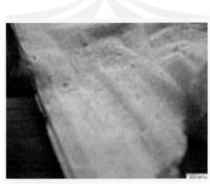

黑头杀手 1:黑头导出液

产品介绍:导出液的主要作用是让毛孔里的黑头、白头、黄头等污垢浮到皮肤表面,然后再涂抹上黑头膏,利用黑头膏的黏性将污垢吸出来,最后清理毛孔污垢,让毛孔自由呼吸。

去黑头小机密,看这里

澳洲茶树油
能有效消炎杀菌控油祛痘,平衡肌肤PH值,中和水油平衡。

常春藤提取物
强抗氧化功能能够预防皮肤分泌皮脂氧化形成黑头,预防再生。

芦荟萃取液
能迅速软化表皮角质,扩张毛孔渗入净化毛孔内污垢。

精炼向日葵花籽油
帮助舒缓肌肤,消炎收敛的平宁净透肌肤。

★资料提供:舒友阁官方旗舰店

为黑头美眉支招：
黑头粉刺跑光光

草莓鼻？听起来很可爱，看起来就……满满的黑头实在惹人厌！究竟有什么方法可以去掉讨厌的黑头呢？今天就为黑头美眉支招，让黑头粉刺全消失！

黑头形成原因：

1.雄性激素分泌过剩是最首要的原因。青春期男女的雄性激素分泌过剩是形成"青春痘"的首要原因。雄性激素可直接刺激皮脂腺增多，堵塞毛孔、引起炎症，造成粉刺、痤疮的产生。

2.女子生理周期：有些女子在经期来临之前，面部问题就会加重，这与激素分泌改变有关。

3.身体内在疾病或功能紊乱：如胃、肾、肝等内脏器官病变，胃肠功效紊乱、便秘等也会诱发痤疮的产生。

4.精神紧张、疲劳过度、睡眠不足等。

5.大量进食油腻、酸辣等刺激性食物及甜食。

两款 DIY 去黑头面膜

1.土豆牛奶面膜

制法及用法:

①将土豆洗净,去皮榨汁,在土豆汁中加入牛奶和面粉,搅拌成糊状。

②洁面后,敷在脸上。20 分钟后用温水洗掉即可。每周 2～3 次。

说明:适用于干性、中性、油性及混合性皮肤。

推荐理由:具有极佳的补水与美白功效,可改善肌肤干燥、暗沉的现象,恢复肌肤的水润与白皙。对于已长出粉刺的脸部肌肤,持续使用一周此款面膜,能有效消除粉刺。

2.香蕉面膜

制法及用法:

①将香蕉去皮捣烂成糊状后敷面。

②15～20 分钟后洗去,一周一次。

说明:适合任何一种皮肤。

推荐理由:有效淡化晒后形成的色素沉淀,使肌肤恢复润泽亮白,可滋润干性皮肤,帮助肌肤对抗皱纹,抑制黑色素的形成,让肌肤光彩照人。长期坚持可使脸部皮肤细嫩、清爽,软化角质、清除粉刺、净白皮肤,其效果良好。

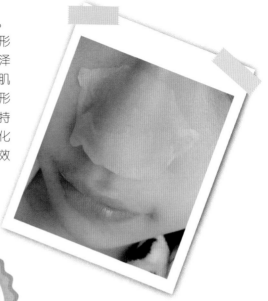

死皮克星:可怡本草去死皮啫喱

成分:水、甘草提取物、甘油、壳多糖甘醇酸盐、氨基酸保湿剂、库拉索芦荟叶汁、香料等。

去死皮啫喱 **主要成分**

甘草提取物
菜于甘草的干燥根与根茎,中属豆类及其茅属植物的根茎部用于化妆品上,对皮肤、毛发有修复或柔化作用。可中和皮肤的pH值,有效淡化皮肤,所以在此中代的原理下,通常将甘草提取物加入美方美白精华液中。

库拉索芦荟叶汁
早在《本草纲目》中,便对芦荟有过确定了严谨的评价,滋养的作用。严苛的酸化爱美女性肌肤系统,柔嫩细腻的皮肤,因为含有清洁清爽的多彩可预防,所以可安全的肌肤光滑亮泽。

甘油
甘油:具有很强的吸湿性,不使用甘油护肤,可以使皮肤保持滋润。甘油滑度高时,还入,使皮肤紧的水分蒸腾。缓慢空气中的分子防止皮肤表皮干燥。

氨基酸保湿剂
氨基酸保湿剂是一种具有亲子型的系统保湿成分,天然存在于粒状。海安全地用于化妆品和护肤产品预防肌肤粗糙的。皮肤水分免除干燥紧致,光滑,防止皮肤干燥或紧致。

功效：有效软化并去除角质，温和吸附毛孔中过剩油脂和老废死皮；有效细致毛孔，提亮肤色，帮助肌肤更好地吸收营养成分；温和啫喱配方，不损伤肌肤，坚持使用可令肌肤恢复白皙、嫩滑，更显青春活力。

使用方法：洁面后，取适量产品涂于面部，用中指和无名指由内向外轻柔按摩（避开眼部，重点按摩T区，两颊要轻柔），死皮及污垢被啫喱吸附着慢慢掉落，按摩完成后用清水洗净。面部、手部、足部等身体部位都可使用。

使用周期：干性肌肤一月一次，混合性肌肤两周一次，油性肌肤一周一次。

★**资料提供:**熠泽化妆品专营店

白头粉刺长在脸上该怎么办
白头粉刺应急篇

应急方案：

  1. 最紧急有效的方法就是冷热疗法，即先用热水洗脸，然后再用冷水洗一次。

  2.还可以用水蒸气蒸脸，水蒸气可起到疏通毛孔，抑制皮脂分泌的作用。

  3.同样也可用黄瓜做面膜，可使皮肤收敛，令皮肤光滑不油腻。

  4.在睡前一小时点上香薰、泡个热水澡，然后使用具有镇定、减压之效的身体乳液来缓解紧张的心情，睡个安稳的好觉，压力成人痘自然无踪影。

辅助食物：

  海带——含有丰富的矿物质，经常食用能够调节血液中的酸碱度，防止皮肤过多分泌油脂。

苦瓜——含有维生素 B、维生素 C，对于降火去暑有显著功效，可治疗肝火旺盛引起的青春痘及雀斑。

基础对策：

1. 锻炼可以让精神得到有效放松，以调整细胞代谢和皮脂分泌的规律性。

2. 注意饮食结构也要合理，尽量少吃辛辣、油炸和高热量的食物。

3. 要多喝绿茶，还可以用开水将绿茶冲泡开，放凉之后用来洗脸，反复多洗一会儿，在长有痘痘的地方拍一拍，让它们也足足地喝上一杯绿茶，必要时可以使用一些类似"消痤祛疤丸"的药妆产品来应急去除。

黑头杀手2：瓷肌重度去黑头强效套装

适用肤质：黑头、白头、粉刺、毛孔粗大肤质。

使用步骤：

①清肌净颜黑头导出液

产品功效：独有的木瓜蛋白分解酶，能迅速渗入毛孔，有效软化黑头"栓"样物，使其自动浮出皮肤表面，彻底清理黑头的同时，避免了鼻贴、挤黑头等手段的"强硬式"清理方式，使毛孔避免损伤。

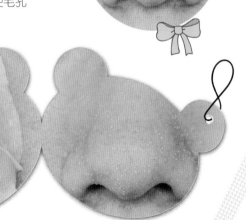

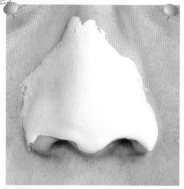

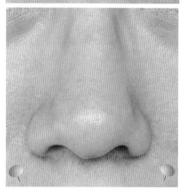

②清肌净颜毛孔收敛水

产品功效：经高科技萃取的百草精华，通过纳米技术进行分子细化后，皮肤吸收率增加到 90% 以上，比同类产品高出 3 倍的水润、控油能力，迅速抑制皮肤的油脂分泌，瞬间收敛粗大毛孔，不给灰尘、油脂进入毛孔，形成黑头的机会；同时为皮肤提供充足养分，更新受损的皮肤细胞。

③清肌净颜毛孔收细精华液

产品功效：1.天然百草精华成分，有效调理肌肤油脂分泌，轻柔 收细毛孔，平滑肌肤；

2.独特的天然植物萃取素收敛成分，有效抑制油脂分泌，调节肌肤水油平衡，补水活肤；

3.多种营养成分滋润肌肤并形成保护膜，锁住水分抵抗外来粉尘污垢，预防黑头的形成。

④清肌净颜祛黑头蛋白膜

产品功效：1.蛋白膜配方全面升级，有效消除附着于肌肤的脏物，温和无刺激，使肌肤轻松无负担；

　　2.天然百草精华成分渗入，舒缓肌肤，修复受损组织，疏通营养通道，注入益于肌肤吸收的养分；

　　3.天然植物萃取素收敛成分，同时调理肌肤，收敛毛孔，补充水分，令肌肤恢复光滑剔透。

功效大检验

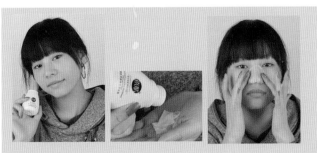

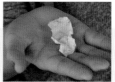

★**资料提供:**广州瓷肌化妆品有限公司

食疗篇

专家建议预防痘痘从饮食做起

预防痘痘就是从日常饮食中的"三多两少"做起

一多锌。锌可增加抵抗力，促进伤口愈合，含锌的食品很多，如玉米、扁豆、黄豆、萝卜、蘑菇、坚果、肝脏、扇贝等。

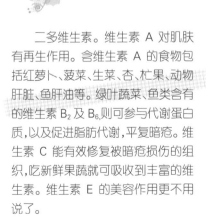

二多维生素。维生素 A 对肌肤有再生作用。含维生素 A 的食物包括红萝卜、菠菜、生菜、杏、芒果、动物肝脏、鱼肝油等。绿叶蔬菜、鱼类含有的维生素 B_2 及 B_6 则可参与代谢蛋白质，以及促进脂肪代谢，平复暗疮。维生素 C 能有效修复被暗疮损伤的组织，吃新鲜果蔬就可吸收到丰富的维生素。维生素 E 的美容作用更不用说了。

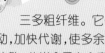

三多粗纤维。它促进肠胃蠕动,加快代谢,使多余的油脂排出体外。此类食品有全麦面包、大豆、笋等。

一少油腻。如动物油、芝麻、花生、蛋黄等油脂丰富的食物。

二少辛辣腥臊。辛辣食物易刺激神经和血管,容易引起痘痘复发。而腥臊食物则容易引起过敏反应,令患痘痘的皮肤恶化。

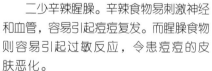

痤疮最好吃什么

首先,多吃含维生素 A 丰富的食物。维生素 A 能促进上皮细胞的再生,可调节皮肤汗腺,消除粉刺。含维生素 A 丰富的食物有金针菜、韭菜、胡萝卜、菠菜、牛奶、动物肝脏等。

其次,多吃些含维生素 B_2 丰富的食物。维生素 B_2 能保持人体激素平衡,对皮肤有保护作用。含维生素 B_2 丰富的食物有动物肝脏、奶类、蛋类和绿叶蔬菜等。

第三,多吃含维生素 B_6 丰富的食物。主要有动物肝脏、肾、蛋黄、奶类、干酵母、谷麦胚芽、鱼类和蔬菜(胡萝卜、菠菜、香菇)。

第四,多吃含锌丰富的食物。这类食物有牡蛎、动物肝脏、瘦肉、奶类、蛋类等,其中以牡蛎等海产品中含量较多。

第五,多吃清凉食物。这类食物主要有瘦猪肉、蘑菇、银耳、黑木耳、芹菜、苦瓜、黄瓜、冬瓜、茭白、绿豆芽、黄豆、豆腐、莲藕、西瓜、梨等。

痤疮不宜吃什么

不吸烟，不喝酒及浓茶，少吃辛辣食物(如辣椒、葱、蒜等)，少吃油腻食物(如动物油、植物油等)，少吃甜食(如糖类、咖啡类)，少吃"发物"(如狗肉、羊肉等)。

诱发痤疮的食物因素大致有以下几类：

1. 海鲜类：黄鱼、带鱼、鲳鱼、虾、蟹、鲫鱼。

2. 禽类：鸡，尤其是公鸡、鹅。

3. 畜类：猪头肉、羊肉。

4. 蔬菜类：竹笋、芥菜、香菜、葱。

5. 果品类：桃、李等。

6. 油炸食物和火锅应禁食或少吃。

食疗祛痘大法 🌸🌸

一、果菜绿豆汁

用小白菜、芹菜、苦瓜、柿子椒、柠檬、苹果、绿豆各适量。先将绿豆煮 30 分钟,滤其汁;将小白菜、芹菜、苦瓜、柿子椒、苹果分别洗净切段或切块,搅汁,调入绿豆汁,滴入柠檬汁,加蜂蜜调味饮用。每日 1 ~ 2 次,具有清热解毒、杀菌之功效。

二、海带绿豆汤

海带、绿豆各 15 克,甜杏仁 9 克、玫瑰花 6 克,红糖适量。将玫瑰花用布包好,与海带、绿豆、甜杏仁同煮后,去玫瑰花,加红糖食用。每日 1 剂,连用 30 日。

三、薏苡仁海带双仁粥

用薏苡仁、枸杞子、桃仁各 15 克,海带、甜杏仁各 10 克,绿豆 20 克、粳米 80 克。将桃仁、甜杏仁用纱布包好,水煎取汁,加入薏苡仁、海带末、枸杞子、粳米一同煮粥。每日 2 次,具有清热解毒、清火消炎、活血化淤、养阴润肤之功效。

四、枸杞消炎粥

枸杞子 30 克,白鸽肉、粳米各 100 克,细盐、味精、香油各适量。洗净白鸽肉,剁成肉泥;洗净枸杞子和粳米,放入沙锅中,加鸽肉泥及适量水,文火煨粥,粥煮好时加入细盐、味精、香油,拌匀。每日 1 剂,分 2 次食用,5~8 剂为 1 个疗程,具有脱毒排邪、养阴润肤之功效。

五、白梨芹菜汁

白梨 150 克、芹菜 100 克、西红柿 1 个、柠檬半个。洗净后一同放入果汁机中搅拌成汁。每日饮用 1 次,有清热祛火之功效。

六、黄连中药祛痘法

黄连调水当面膜使用（中药铺可以买到），等待三十分钟左右用清水冲洗干净即可。黄连还可以口服，其味较苦，怕苦的人群建议用胶囊状的黄连吞服，服用数量则请教中医师，服用前也最好咨询中医师。

七、黄瓜＋芦荟消炎法

黄瓜和芦荟都有消炎的功效，新鲜的芦荟可到菜场买，切成匀称的片状敷在痘痘部位，而黄瓜是洗净去皮榨成汁，并在洗脸后涂抹在脸上，等待三十分钟左右再用清水洗净，或将黄瓜汁加上蜂蜜当饮品饮用，也很有效哦！

八、食盐醋疗法：食盐一勺、白醋半勺、开水半杯。让食盐、白醋溶解在开水中，每次洗脸后，用棉签蘸取涂在小痘痘上，也可以全部在脸上轻抹一遍，就像用洗面乳一样，然后用清水洗净。此时有微微的刺痛感，是正常现象，但应特别注意的是：皮肤一定要夜间敷补水修复面膜。

季节篇

春季天气变化无常，讨厌的痘痘又一次卷土重来啦！青春痘影响人的面容和形象，这一点对于爱美的美眉们可是体会深刻。至于科学祛痘的方法，据美容专家介绍，目前能够有效清除青春痘的方法包括激光、光子嫩肤、果酸、光动力等，医生会根据实际情况，运用最适合的方式治疗。

春季抗痘从生活细节做起

　　抗痘方法 1.定期去角质：定期去除堆积在毛孔的角质，可加强促进细胞新陈代谢，避免角质堆积，阻塞毛囊口，引发细菌滋生而产生粉刺。

抗痘方法 2.正确清洗肌肤：以温水洗脸，但每天洗脸次数不可超过 3 次。清除肌肤上分泌过多的油脂是消除痤疮、粉刺最重要的第一步，完整的清洁步骤，可以除去脸上不洁净的东西、角质，避免毛囊阻塞，从而减少青春痘的产生。

抗痘方法 3.充足而规律的睡眠：熬夜与压力容易造成生理时钟紊乱的现象，导致荷尔蒙失调，影响内分泌，并进而间接地促使青春痘的形成。

抗痘方法 4.使用适合的肌肤保养品：使用具有控油、去角质、抗菌等功效的保养品，也能够帮助肌肤对抗青春痘的产生。

抗痘方法 5.减少摄取油炸、辛辣、坚果类食品：这一类食物容易激发青春痘的生长，所以必须先改变饮食习惯，多喝水且多吃蔬菜水果，加速身体的新陈代谢，促进细胞排毒的能力。

抗痘方法 6.避免过度强烈日晒：过度日晒会刺激面疱恶化，且肌肤黑色素的累积，亦会加深青春痘、粉刺的色泽，并延缓其恢复的时间。

产品介绍:包括玻尿酸原液、玻尿酸水漾丝滑精华乳、玻尿酸水漾丝滑细肤霜,整套使用下来,帮助皮肤保持水润状态,滋润清爽,细腻有弹性。

产品成分:去离子水、玻尿酸、燕麦葡聚糖、仙人掌提取物、氨基酸保湿剂、丝蛋白等。

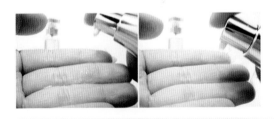

用法:洁面后—玻尿酸原液—玻尿酸水漾丝滑精华乳—玻尿酸水漾丝滑细肤霜。

★**资料提供**:舒友阁官方旗舰店

即使到了干燥的秋季,油性痘痘肌美眉们也苦恼,干燥的天气让皮肤又干又油,最恐怖的是皮肤变得更加敏感,痘痘变得更多了,想要不长痘痘,在秋季拥有水嫩健康的好皮肤,你需要正确的护肤手段。

一、吸油纸尽量少用

再好的吸油纸或纸巾,都会或多或少带走皮肤的水分,如果擦拭的动作较重,可能破坏天然屏障,引发毛囊内储存的皮脂急速向皮肤表面排泄,大量皮脂来不及均匀分布,造成"越擦越油"的现象。如果你喜欢用吸油纸,尽量控制在一天两张,轻轻按压而非揉搓,但不要用纸巾。也可以尝试用不含酒精的保湿舒缓类化妆水浸湿棉片,轻按分泌出油的部位,吸油又补水。

二、肌肤又干又油,是皮肤缺水的表现,要即时补水

引起皮脂分泌油脂的因素很多,如皮脂膜受损、温度(外界或体温)升高、内分泌变化等,缺水和皮肤油腻没有必然关系。不过,油腻的皮肤往往处于水油失衡的状态,吸水和储水能力往往较差,同样需要补水等护理。

三、对面部敏感肌肤的磨砂和深层清洁次数要适量

天然屏障受损,皮肤免疫力低下是痘痘的一大诱因,往往由清洁过度引起。物理磨砂对去除皮肤表层老废角质有一定作用,但无法清洁毛孔,反而可能擦伤皮肤。如果长了痘痘,说明皮肤已经受损,严禁在上面磨砂,对于容易长痘的人来说,避免用所谓"温和"的砂糖来摩擦皮肤,因为很可能导致细菌滋生,含水杨酸的清洁品是更好的选择。

四、油性肌肤在使用化妆水后可以用质地不黏腻的精华等保养品

很多痘痘肌美眉在使用化妆水后就不再涂保养品了,其实油性肌虽然表皮偏厚,但并不意味着皮肤内部健康,它同样需要诸如补水、抗氧化、修复、防晒等护理。化妆水的保养效果并不够,应该选择质地不黏腻、厚重的精华等保养品。

五、皮肤出油,不一定非要用专为油性肌设计的保养品

偏干的皮肤在炎热潮湿的环境中也会分泌油脂,油性皮肤遇到干冷环境的情况同样可能感觉干燥,精神压力对皮脂分泌的影响则因人而异。每天早上进行护理时想一想当天的活动,是要外出(暴晒或者刮风)还是全天在有空调的室内,更有利于选对保养品。

六、痘痘肌美眉不一定要使用无油产品

油分并不一定会堵塞毛孔,而堵塞毛孔的也并非只有油分。必要的油脂有助于修护皮脂膜,强化天然屏障,其实,易长痘痘的皮肤,恰恰缺少某种脂肪酸,需要通过保养品补充。有些保养品看起来或刚用时感觉油,但未必让皮肤更油,甚至还有利于痘痘肌的修护。

美肌必备
纯天然紫草祛痘茶树精油手工皂

纯天然紫草茶树精油手工皂

手工皂不是香皂，
而是护肤品哦，
蕴含甘油和各种营
养成分。那分皂
添加了精油，能修
复好肌清洁温润
肌肤

美丽过程

按照国际惯例先看
看前后的对比照片吧。

1 重大的节假日、朋友聚会时，"吃
香喝辣"是不可避免的,这痘痘是不是又
要暴涨了啊?

所以,还是预防为主,防治结合啦!

2 我带来了美肌小巫家的紫草祛痘系列哦!

3 打开盒子啦!

4 准备好起泡网哦,都是店家送的啦!

5 把手工皂放入网里。

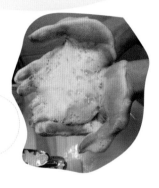

6 搓搓搓,好多泡泡哦,满手都是。

7 可以拉出长长的丝,好细腻哦!

8 满手的泡泡,送上来看看。

9 抹在脸上啊!

10 这边抹一点,那边抹一点。

11 还有下巴，记得要在
脸上打圈圈哦!

12 这样就会让脸
更好地吸收啦!

13 好啦,5 分钟
后,就可以洗掉啦!

14 下面就要用到紫草祛痘系列的香草祛痘粉。

15 凑近看看。

16 准备好小碗，也是店家送的啦！

17 倒入适量的香草祛痘粉哦！

99

18 加入适量的水。

19 变成糊状了哦!

20 开始抹在脸上。

21 一边脸都变成紫色了,哈,好凉快!

22 抹另一边。

23 还有下巴哦，别
让它长痘痘啦!

24 还有鼻子,等待 10 分钟。

25 洗掉啦,干净吗?

26 最后一步，就要用到祛痘法宝,绿泥精华面膜哦!

27 拿近看看啦!

28 打开后,这么绿哦!

29 还是抹在脸上。

30 两边脸都是绿色的,好营养的哦!

31 还有下巴。

32 然后敷 8 分钟就可以洗掉了,别舍不得洗啊!

33 哈哈,洗完啦,脸又干净了。

★**资料提供**:个性高雅

★个人博客:**瞬间扮靓你**

http://blog.163.com/home.do?host=dycg168

★**关键词**:美肌小巫

美白篇

自制美白护肤面膜

"一白遮百丑"这句老话在我们这个时代确实被诠释得淋漓尽致。看看美眉们的化妆台就知道"美白"是一个多么坚定的追求,放眼化妆品市场,从爽肤水到乳液再到日霜、精华……

几乎所有的类别都会有美白系列,不过相信但凡对美白工作稍微深入点儿的美眉都有体会,面膜绝对是美白肌肤的利器,也是美白工程里不可或缺的一环。但是用过无数面膜的你可否想过自己也动手做一款呢?要知道,咱们身边的一些东西就是绝佳的面膜材料哦!

LOVE YOU

一、青瓜蛋白面膜

材料:柠檬、青瓜、蛋白、蜂蜜、面粉。

制法:先把柠檬及青瓜,各挤出一小匙汁液;然后加入半个蛋白及半匙蜂蜜;再加入五匙面粉,搅拌成糊状;敷面,待干;面膜干透后用湿毛巾抹去。这款面膜具有较强的美白效果。

二、豆腐面膜

材料:豆腐、蜂蜜、面粉。

制法:将一块豆腐捣碎,用纱布滤干水分;加入 15 克面粉和 5 克蜂蜜后,搅拌均匀涂于脸上,敷 20 分钟后洗干净。可使皮肤白而透明。

三、红茶面膜

材料:红茶、红糖、面粉、水。

制法:红茶 2 汤匙、红糖 2 汤匙、面粉少许、水适量。将红茶与红糖加水煎煮片刻,冷却至 37~40℃,加入面粉调匀,涂于脸上,15 分钟后洗净。此面膜可使皮肤白皙、滋润。

四、市瓜薄荷面膜

材料:木瓜 1/3 个,蜂蜜、薄荷或薄荷叶(可在菜市场或中药店买到)少许。

制法:将木瓜切碎捣成泥,再加入少许蜂蜜和薄荷,涂抹于面部,10 分钟后洗净。

功效:木瓜是很好的美白护肤水果,连同薄荷一起有缓解皮肤疲劳的作用,自然可以抑制皮肤老化。

五、橘子牛奶面膜

材料:橘子一个,医用酒精少许,适量蜂蜜、牛奶。

制法:将橘子连皮一起捣烂,加入少量医用酒精,再加入适量蜂蜜和牛奶,放入冰箱一周后取出使用。

功效:涂抹在脸上,既滋润皮肤,还能祛除皱纹。

六、丝瓜麦片面膜

材料:新鲜丝瓜半根(去皮)、麦片 2 匙(超市有售)。

制法:将丝瓜搅成泥状,加入麦片,涂于面部 15～20 分钟,再用温水洗净即可。

功效:丝瓜含有多种维生素,长期使用能有效漂白皮肤,使肌肤紧绷,消除细纹。

自制美白、护肤面膜相较于专业产品来讲,渗透力可能稍微差些,但是请大家相信只要持之以恒地用下去,肯定会见到效果的,但有一点必须强调,就是制作面膜的过程中请务必注意卫生。

如果你实在太懒,那没办法啦!还是寻求专业产品的帮助吧。鉴于目前美白类的面膜鱼龙混杂,建议大家要留意,凡是说可以一次性美白的,一般都是添加了铅、汞等脱色重金属或者是激素成分,这类产品万万用不得,再有就是有些面膜由于材料浓度较高,不少人都因此产生过敏反应,所以还是建议选择纯中药成分的面膜,安全系数会比较高。

美白佳品 No.1:雪妍深层激白套餐(5 件套)

产品介绍:含有高端美白成分"光甘草定",主要具有滋润、保湿,提亮肤色,润白细腻皮肤,让皮肤看起来白皙、细腻、有弹性,且淡化色素的功效,从根本上让皮肤健康有光泽。

产品成分:去离子水、丁二醇、葡聚糖、玫瑰果油、光甘草定、苹果提取物、抗坏血酸葡糖苷、樱桃提取物、椰油基葡糖苷、透明质酸钠、苯氧乙醇。

产品用法：洁面后——雪妍深层激白水——雪妍深层激白精华——雪妍深层激白乳——雪妍深层激白霜。

注意事项：使用激白霜后，白天还需要涂抹一层防晒霜，避免紫外线照射影响产品效果。

★**资料提供**：舒友阁官方旗舰店

美白佳品 No.2:
可拉拉焕白洁颜慕斯

可拉拉焕白系列
洁颜慕斯

1/3时间 3倍洁净功效
瞬间开启肌肤洗颜快乐感受

产品介绍：可拉拉焕白洁颜慕斯拥有独特的 Q 弹蓬松泡沫，能形成绝佳的缓衡效果，不易造成双手过度摩擦所导致的伤害，更能彻底清除杂质、彩妆和日间或者晚间积聚的污垢及多余油脂，清爽无残留。

独特添加烟酰胺成分与玫瑰精粹，双重美白护航，有效帮助脸部脆弱细胞进行有氧呼吸及新陈代谢，舒缓肌肤，抚平毛躁，褪去暗黄，使肌肤清透净白；配方另含深层保湿成分透明质酸钠，用后令肤色更均匀，更明亮，如刚敷完保湿面膜般水嫩柔滑。

After　　　　　　　　　　　Before

▸ 深入毛穴清除油脂，揭开，洗涤不紧腿皮肤光滑亮白净透

可拉拉焕白洁颜慕斯使用步骤

F_{ace}

早晚清洁脸部时，挤出适量洁颜慕斯于掌心，
轻柔按摩於全脸约1分鐘，再以温水洗净

超白嫩

使用方法：每天早晚先用清水弄湿脸部，然后按压取适量柔细泡沫于掌心，轻柔按摩面部及颈部，并加强按摩靠近 T 字区与鼻翼两侧容易堆积角质污垢的部位约 1 分钟，再用温水彻底清洗。

· 适用肤质 ·　　　任何肤质

产品成分：水、椰油酰胺丙基甜菜碱、PEG – 7 甘油、椰油酸酯、椰油酰甘氨酸钾、聚乙二醇 –25、聚丙二醇 –30 共聚物、PEG–20 甘油三异硬脂酸酯、麦芽寡糖甙、氢化淀粉水解物、透明质酸钠、乳酸钠、烟酰胺、玫瑰花提取液、EDTA 二钠等。

★ **资料提供**：可拉拉中世专卖店

美白佳品 No.3:
奈诗芬 EGF 时空胶囊

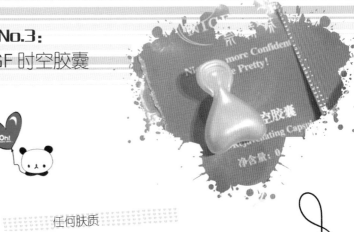

适用肤质　　　　任何肤质

功效:

美白祛斑:减少色素沉着,去除死亡细胞的残留,皮肤透白无瑕。

紧致光洁:防止毛孔粗大,促进表皮细胞增殖,令肌肤触觉和视觉上都保持紧致光洁。

锁水保湿: 促进 DNA、RNA 和功能蛋白质的生物合成,促进细胞外大分子的合成,增加皮肤含水量,进而增加皮肤弹性,防止细纹的增长。

轻柔舒敏:促进细胞分泌合成胶原纤维、多糖蛋白等功能分子,使皮下细胞组织饱满,改善红血丝,增加角质层的厚度,增强皮肤对自由基的抵抗力。

疤痕修复:能促进细胞再生,对红肿发炎的新伤口有良好的再生修护作用,预防凹洞疤痕产生,更利于痘疤修复。

使用方法：清水清洗及水分保养后，取出一颗 EGF 时空胶囊。

1.将胶囊最细处拧断，挤出精华液。

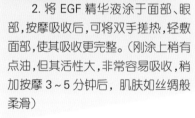

2. 将 EGF 精华液涂于面部、眼部、按摩吸收后，可将双手搓热，轻敷面部，使其吸收更完整。（刚涂上稍有点油，但其活性大，非常容易吸收，稍加按摩 3~5 分钟后，肌肤如丝绸般柔滑）

3. 秋冬季，可在使用 EGF 后再用乳液或面霜等加强保养。

4. 敷完面膜后，用一颗 EGF,锁水滋养。

★ 资料提供:熠泽化妆品专营店

美白佳品 No.4:
瓷肌去黄美白全效套装

清本源卸妆洗颜乳

适用肤质　　适用于任何肌肤类型

产品功效:1.含天然百草精华成分,可轻松卸除面部的彩妆、油脂和肌肤表面的老废角质,温和无刺激;2.高浓度透明质酸使肌肤高效锁水保湿,令肌肤清爽水嫩,焕发光彩;3.甘草、洋甘菊萃取物有效清除自由基,令毛孔清透,去除暗黄。

主要成分

洋甘菊:洁肤,舒缓和安抚肌肤,增强细胞活力

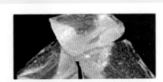

透明质酸钠:高效锁水保湿,提高肌肤含水量

洁净因子:深层清洁肌肤,净肤养颜,抗击黑色素沉淀

甜菜碱:增强皮肤滋润度、皮肤弹性,防止色素沉着

115

清本源角质调整膜

适用肤质 适合任何肤质使用,特别是暗黄无光泽肌肤

产品功效:1.欧亚草等多种百草精萃,特含去角质微粒,能加速粗硬、老废角质脱落,促进肌肤血液循环与新陈代谢;2.活化更新肌肤,畅通毛孔,以便养分吸收和新生表皮生长;3.改善肌肤暗淡无光、角质粗糙状况,令肌肤细腻白皙有光泽。

主要成分

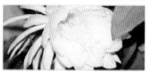

欧亚草:富含美白成分,有效促进肌肤新陈代谢,焕发亮丽肤色

木苹果酸: 有效去除脸部多余油脂,使肌肤水油平衡,去黄美白

维生素 E:深度抗氧化,有效激活细胞新生能力

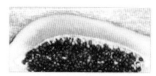

番木瓜:含丰富维生素C,加速肌肤亮白,补充皮肤所需养分

清本源五谷亮白肌底液

 适用肤质　适合任何肤质使用,特别适合暗黄粗糙肤质使用

产品功效:1.采用国际美白专利成分 Symwhite377 馨肤白,提取出特效去黄精华植物青花素,其超强的抗氧化能力为肌肤带来全面白皙和细腻肤质;2.特别萃取五谷养肤精华成分,肌底保养,源头美白,能从肌肤底层改善干、暗、黄等问题;3.降低色素再度氧化的可能性,还原肌肤色度,令肌肤晶莹剔透,白嫩照人。

主要成分

火棘:行气活血,促进肌肤新陈代谢,排出深层黑色素

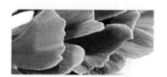

银杏:通血脉,排出毒素,彻底消除色斑形成根源

当归:抗氧化,保持肌肤水油平衡

水解小麦蛋白:提高皮肤对营养成分的吸收能力,去黄亮白

净白无瑕精华霜

适用肤质：适合任何肤质使用，特别适合暗黄、无光泽的肤质使用

产品功效：1.含传明酸、龙胆草、珍珠粉、银杏等天然美白成分，其蕴涵的美白能量能有效莹白肌肤，增强细胞再生能力；2.全方位控制黑色素于表皮层的扩展、移行及分布，减少暗淡、提亮肤色，补充养分；3.全新采用传明酸美白成分，高效温和地抑制黑色素的活性，加速黑色素由角质层的脱落；4.由内而外深层淡化黑色素，令肌肤更迅速地恢复白皙、细滑的健康状态。

主要成分

北美金缕梅：平衡皮肤 pH 值，收敛毛孔，修复受损肌肤

牛油果：加强肌肤锁水能力，润泽肌肤

龙胆草：抗菌消炎，抑制毛孔内黑色素沉淀，排毒净肤

角鲨烷：具有极好的肌肤亲和性，加速去黄活性成分渗透

净白无瑕五谷焕彩面膜

适用于任何肤质,特别是暗黄、干燥、斑点肌肤

产品功效:

1.添加美白专利有效成分 Symwhite377;

2.五谷精华作用于肌肤里层,深入毛孔底部,清除肌肤内污垢、彩妆、毛孔内残留物及表层色素垃圾;

3.燕麦提取物中含有大量的能够抑制酪氨酸酶活性的生物活性成分,有效地抑制黑色素形成过程中氧化还原反应的进行,减少黑色素的形成,保持白皙亮丽的皮肤;

4.能有效地清除自由基,减少自由基对皮肤细胞的伤害,减少皱纹的出现,淡化色斑,去除肌肤暗黄,保持皮肤富有弹性和光泽,肌肤亮白如新生。

主要成分

五谷:五谷精华,从肌底改善干、暗、黄问题

山茶花:超长效保湿及抗氧化

Symwhite377: 具有良好的美白效果,抑制黑色素的生长

甘草:具有改善肌肤代谢及解毒的功效

119

★ **资料提供**:广州瓷肌化妆品有限公司

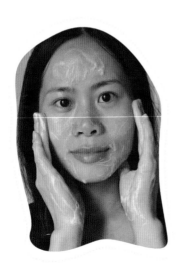

122

CHINAskin

東方本源,美致天成

瓷肌 ®

CHINAskin

東方本源,美致天成

ple-acne clarifying essence

颜祛痘精华液 (轻中度)

控油篇

6个简单实用的控油法

* 食疗法：吃一段时间芦荟，满面油光和痘痘的问题都有所改善。

* 按摩法：洁面后，用一点盐放在手心里，用水融化，轻轻地按摩面部，可改善面部出油，适合油性肤质。

* 急救法：用凉水或冰箱里的冰可乐冰一下脸部，让毛孔立即缩小，再使用控油品，效果加倍。

* 面膜法：控油的同时一定要补水，自制的黄瓜面膜补水效果就不错。
* 香水法：用半勺青柠檬和黄瓜的混合汁液敷脸。特别是爱出油者，再加入几滴纯正的法国古龙水效果更好。

* 日疗法：洗脸时在水里加一些日本清酒，可以起到控油的作用。

控油能手 No.1：

艾可祛痘组合草本控油洁面乳

主要成分 内含纯天然植物提取物、洁肤因子、透明质酸、海洋多糖等。

功效：能深层清除表皮层死细胞、表皮污垢、油脂、用后清爽不紧绷，使皮肤滋润、亮泽有弹性。

适用人群：本品适用于油性肤质、痤疮（粉刺、青春痘）、毛孔粗大等损美性皮肤人群。

★**资料提供**:长春艾可经贸有限公司

★ 资料提供：熠泽化妆品专营店

控油能手 No.2：

迪豆细嫩紧致洁面乳

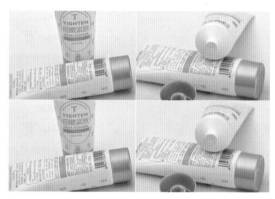

❀ 产品成分：由茯苓、当归根、玫瑰花等提取物为主配方。

❀ 产品特点：本草原质，舒安配方，温和亲肤。具有温和清洁油脂，去除角质等不洁物，净化毛孔，使未受损的毛孔持续保持健康的功效。解决皮肤粗糙问题，帮助恢复嫩白、细致肌肤。

❀ 适合肤质：任何肌肤，
尤其是毛孔粗大、皮肤粗糙、衰老性肌肤

❀ 使用方法：用清水打湿面部后，取洁面乳适量（约 1 粒黄豆大小）于掌心，加水轻揉 10 秒，在脸部轻轻按摩，然后用清水洗净即可。

面膜篇

祛痘面膜

DIY

1.自制草莓酸奶祛痘面膜

材料:草莓4个、面粉1小匙、酸奶少许、蜂蜜1小匙。

制法:

(1)用清水将草莓冲洗干净,榨成汁。

(2)将面粉和酸奶混合后,放入草莓汁和蜂蜜搅拌均匀。

(3)涂在洗净的脸上,保留15分钟后再洗去。

2.蜂蜜祛痘面膜

材料:蜂蜜1匙、天然盐半茶匙、蛋清一个。

制法:把蛋清和盐搅拌至起泡,再倒入蜂蜜搅拌。

用法:清洁面部后敷上,避免触及眼和唇部四周。

敷1~2分钟,待蛋白干透后用温水洁面,再用凉水清洗

干净,然后擦干。

3.香蕉橄榄面膜

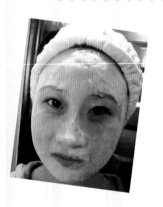

材料:香蕉一个,半匙橄榄油。

制法:香蕉去皮、捣烂,放入碗中,再加半匙橄榄油,搅拌均匀,涂在脸上10分钟后洗去。一周敷2~3次。

功效:秋季皮肤干燥,橄榄油能滋补皮肤,恢复润滑,而香蕉有保持皮肤紧致,恢复弹性的效果,对预防痘痘发生也有很好的功效。

4.芦荟面膜

材料:鲜芦荟 100 克、蜂蜜 10 克。

制法:

1.取鲜芦荟叶 1 片(约 100 克),洗净切成小片。

2.将芦荟片放入锅中,加水 500 毫升煮沸后再用小火煮 15 分钟,滤去芦荟渣,取芦荟汁,加入蜂蜜即成。

3.饮用的同时,用鲜芦荟切片涂抹青春痘,每日 1 次。

功效:

芦荟有抗菌、消炎和缓泻的作用,可以排毒养颜,对青春痘有较好的疗效。在国外曾遇到多名患青春痘的少女,用鲜芦荟叶切片涂抹患处,连用 1 周大多痊愈。鲜叶切面的汁液含黏多糖、蛋白质、维生素 C,涂抹在皮肤上可渗透至皮下,且可维持 26～36 小时。芦荟可帮助收敛皮肤,防止皱纹产生。

※但是有个别人对芦荟过敏,不宜使用。有慢性腹泻患者也应当禁用。

5.白菜叶面膜

强烈
推荐

材料:大白菜叶 3 个、酒瓶 1 个。

制法:

1.采购新鲜的大白菜,取下整片菜叶洗净。

2.将大白菜叶在干净的菜板上摊平,用酒瓶轻轻碾压 10 分钟左右,直到叶片呈网糊状。

3.将网糊状的菜叶贴在脸上,每 10 分钟更换 1 张叶片,连换 3 张。每天做一次。

功效:

有治疗青春痘和嫩白皮肤的功效。

这个方法源于土耳其民间,那里的妇女皮肤白嫩,很少出现青春痘类的皮肤病,就是因为她们经常用大白菜叶来贴脸。白菜叶贴脸,是简便、廉价的祛痘、祛印良方呢!

6.胡萝卜面膜

材料:鲜胡萝卜500克、面粉5克。

制法:

1.鲜胡萝卜洗净,捣碎。

2.将捣碎的胡萝卜取其汁液,加入面粉再搅成泥。

3.将胡萝卜泥敷于脸部,隔日敷一次,10分钟即可。

功效:

本面膜有祛除青春痘、淡斑痕、疗暗疮、抗皱纹的功效。

若能多吃些胡萝卜(煮熟吃,以利于胡萝卜素的溶解吸收),内外兼治效果更好。若单用胡萝卜捣泥也可,黏性好,涂在皮肤上不宜掉,可不用面粉。用胡萝卜榨取的汁液涂于脸部也有效果。

面膜推荐 No.1：
柠檬生汽面膜

产品介绍：美白去黄，提亮肤色，去除暗沉，淡化色斑、色素，还可以深层清洁，对黑头等毛孔污垢也是有一定的辅助改善效果。用完之后马上可以感觉皮肤很润滑，很有弹性，很水润、很透亮。

柠檬汁：

具有很好的抗菌、杀菌解毒作用，能轻松清除毛孔油脂、污垢及废物。有效软化肌肤角质、增加肌肤弹性，使皮肤柔软细嫩、平滑亮泽、洁白如玉。

柠檬酸：

抑制肌肤色素沉着，淡化和消除色斑，增加血红素，促进皮肤素起，快速美白肌肤，保持细腻红润。

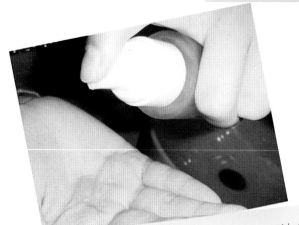

产品成分：柠檬萃取精华、柠檬酸、柠檬汁、维生素 C。

舒友阁·柠檬生汽面膜（原生态植物美容系列）

全新氧气保养风潮

5分钟肌肤奇迹亮白
肌肤细胞进入充满氧气的柠檬世界

神奇活氧泡泡面膜，感受泡泡在成肤上跳舞的美妙

产品用法:洁面后按压出适量的柠檬生汽面膜，迅速地涂抹全脸哦！记得避开眼睛和嘴巴，涂抹匀，一般几秒钟之后就会冒泡泡,5分钟后再进行按摩,用清水洗净，一周1~2次即可。(超干性皮肤慎用)

★**资料提供**:舒友阁官方旗舰店

面膜推荐 No.2：
迪豆草药修复面膜贴

产品成分：绿茶、金银花、黄芪、常春藤、维生素 E、维生素 C。

产品特点：每天 10 分钟，解决以下肌肤烦恼——

各类青春痘：痤疮、暗疮、黑头粉刺、白头粉刺。

痘后修复：红色痘痕、深色痘印痘疤、痘坑凹洞、皮肤粗糙、油腻、暗黄。

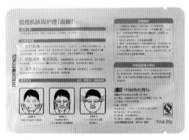

改善易堵塞的毛孔、调脂抑油、阻止油脂不正常分泌。
解决皮肤防御能力下降所带来的各类肌肤困扰。

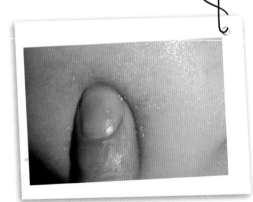

祛痘防痘:天然草药祛痘精华原液,清爽祛痘、不油腻。
常春藤提取液,能在肌肤表面形成一层天然的本草保护屏障,
从而加强皮肤毛囊的防护能力,巩固美肌效果,
帮助预防痘痘粉刺。

祛印调理:100%新鲜草药提萃的消印因子异常活跃,
与天然维生素 E、维生素 C 科学配伍后,在轻松简单
的面膜中,
深入皮肤里层转移黑色素,逐步淡化各类痘印,
更新粗糙肌肤,调理健肤。
收敛凹洞:草药原液进入皮肤里层后,
可全面激活坏损细胞,修复痘疤等受创组织,
收敛缩小凹洞。

清爽美白:只需每天简单敷贴 10 分钟,
即可将美白精华直接输入肌肤最里层,
去除表面暗沉,调匀肤色,美白肌肤,平滑嫩肤。
调脂抑油,使油脂规律性正常分泌,
肌肤自然更加健康水嫩、净白剔透。

1 将面膜敷于全脸,用手指轻压使其敷贴于脸部。

2 放松精神,静待享受 10~15 分钟,让脸部肌肤充分吸收植物精华成分。

3 取下面膜,轻轻拍压按摩脸部,让草药修复精华再次被充分吸收。

4 面膜使用后请抛弃,不要二次使用。面膜用后无须清洗,
可直接使用护肤品。

5 配合使用迪豆后续保养品,效果更佳。

6 夏季,可将面膜袋放于冰箱中保鲜存放,
使用时感觉更清爽。冬季,可将面膜放于温水中,
温暖后再开袋使用。

★**资料提供:**泽化妆品专营店

140